開拓民

国策に翻弄された農民

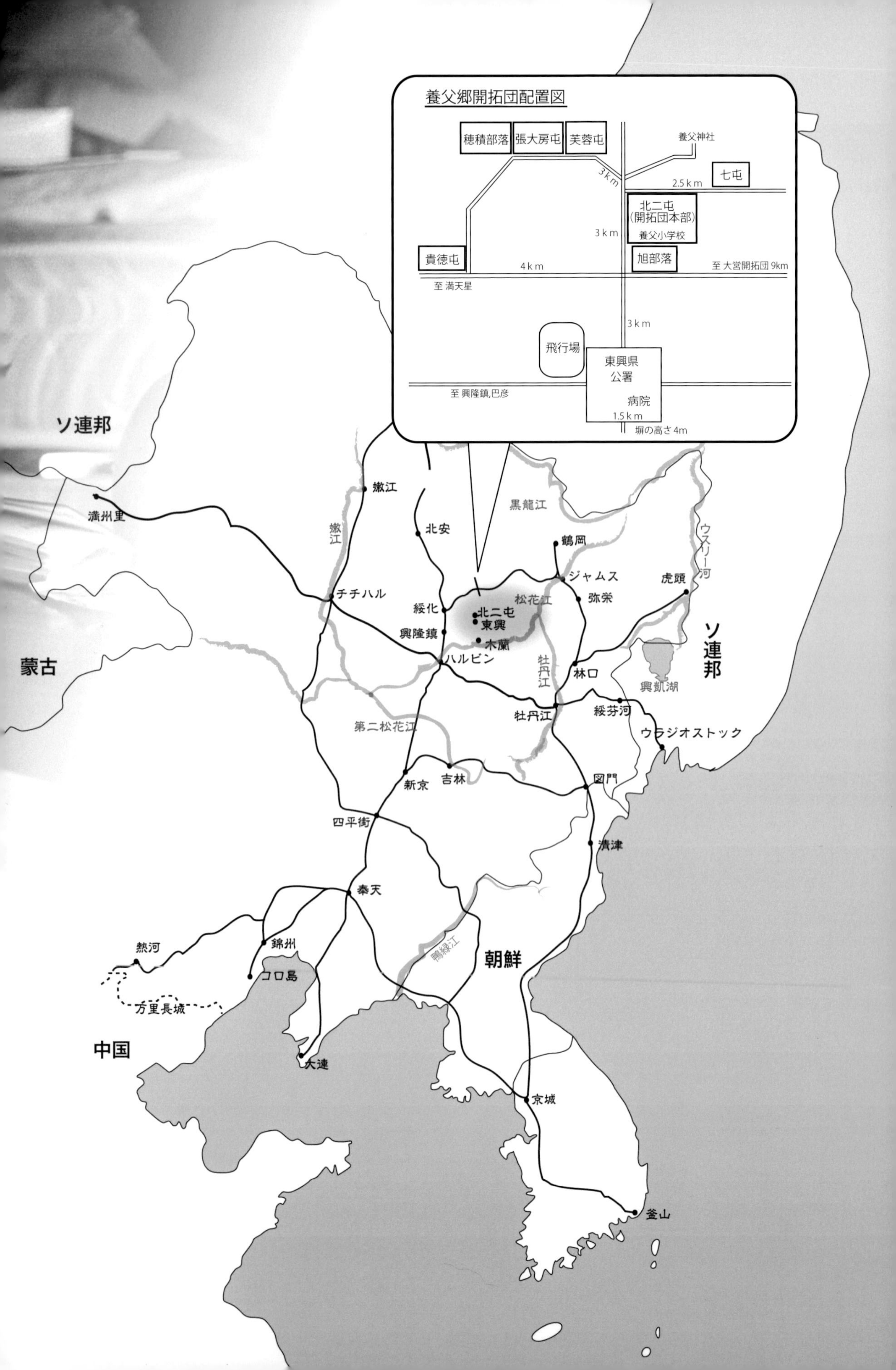

養父郷開拓団配置図
穂積部落
張大房屯
芙蓉屯
養父神社
3km
2.5km
七屯
北二屯
(開拓団本部)
養父小学校
3km
貴徳屯
4km
旭部落
至 大営開拓団 9km
至 満天星
3km
飛行場
東興県
公署
至 興隆鎮,巴彦
病院
1.5km
塀の高さ 4m
ソ連邦
満州里
嫩江
嫩江
北安
黒龍江
鶴岡
ウスリー河
ジャムス
虎頭
チチハル
綏化
北二屯
東興
松花江
弥栄
興隆鎮
木蘭
ハルビン
蒙古
牡丹江
林口
ソ連邦
興凱湖
牡丹江
綏芬河
ウラジオストック
第二松花江
図們
新京
吉林
四平街
清津
奉天
錦州
熱河
鴨緑江
朝鮮
コロ島
万里長城
中国
大連
京城
釜山

満州開拓民たちは 関東軍の兵站と
国境地域平定の役割を担わされた

開拓民

はじめに

草加野は、日本の子午線上にあり、兵庫県小野、三木市両市にまたがる台地だ。戦時中、兵庫県北部の養父郡から満州に渡った開拓民たちが、敗戦後に引き揚げ、この地に2度目の「入植」をし、原野を切り開いて生きてきた。

中国残留孤児が起こした国賠訴訟が神戸地裁で争われていた2006年秋、草加野の開拓民、小林伝さんは残留孤児を村に招待したいと考えていた。原告を支援していた私はこの話を聞き、日本語が話せる原告の宮島満子さん、今川喜美子さんを車に乗せ、草加野に向かった。

草加野はのどかな丘陵地帯に耕地が広がっていた。小林さんら、村人たちは公民館で食事を用意して待っていてくれた。残留孤児たちの話を聞き、自分たちの体験談を語り、親子、きょうだいが出会ったような和やかな交流会となった。

草加野の人たちは、敗戦前後の満州のあの混乱の中で、一歩間違えば自分たちも残留孤児たちのような人生を歩んだかもしれないと考えていた。「彼らはいまだに十分に日本語も話せず、生活にも困っている。自分たちも大変苦労はしたけれど、帰って来られて良かった」と。私は出会った人たちの名前をメモし、再び訪ねる約束をして帰途に着いた。

中国残留孤児の多くは、満州開拓団民の子どもたちだ。私は残留孤児の訴訟や生活を支援しながら40人近くの残留孤児を取材したが、身元判明者の8割近くが開拓団民か義勇隊の子どもだった。また、満州開拓史によると、当時満州にいた日本人は155万人であり、その日本人全体の死亡率が11%であったのに対し、開拓団関係者の死亡率は3倍近くの29%であった。すなわち、満州での死亡者の45%が開拓団関係者であったという。これらは敗戦後の開拓団の苦難を如実に物語っている。

その中で、ソ連との国境に近い満州北部に入植しながら、病気以外での死亡者をほとんど出していない養父郷開拓団のような例は少ない。残留孤児になった人は一人もいない。同じ但馬地方の大兵庫開拓団のように、集団で自決に追い込まれた開拓団もあった中で、希な存在だ。背景には団幹部の決断があった。養父郷開拓団は敗戦後、結束して現地に留まり、厳しい冬を越してから帰国を開始した。

しかし、満州ですべての財産を失って引き揚げ、草加野の台地に一鍬一鍬打ち込んでの再出発には今の私たちの想像を超えた苦難があった。入植者は高齢である。「またお会いできるから」と取材の機会を逸したまま、鬼籍に入られた方が何人もおり、本書に収録できなかったのは本当に残念だ。

2012年　宗景　正

豊岡
鳥 取 県
旧養父郡
●西谷村横行
●南谷村明延
京 都 府
旧宍粟郡
兵 庫 県
岡 山 県
小野市
草加野
三木市
姫路
神戸
明石
淡路島
大 阪 府

目次

写真編集／橋本紘二
装　丁／中島美佳

聞き書き

私の開拓人生

みんな貧しい農村から満州を目指した。

「満州に行けば、一人二十町歩の土地がもらえて、好きなだけ農業をすることができる」養父郷開拓団には、明延鉱山（養父郡）の鉱夫もいた。親に連れられ、あるいは結婚して夫とともに。新しい人生を求めた人々は、家や田畑などをすべて売り払って資金を作り、渡満に備えた。

下関から船で釜山に渡り、列車で朝鮮半島を北上して満州のハルビンへ。その後、トラックや馬車で約3週間近くかけて、満州国東興県北二屯開拓地に入植した。開拓団民は、広大な農地に夢を膨らませていたが、破局はすぐにやって来た。それは侵略の上に掲げられた幻の夢だったのだ。

1945年、戦局は絶望的に悪くなっていた。開拓民を守るはずの関東軍は、主力要員がすでに南方や本土決戦の備えに回されていた。7月には、開拓団の45歳までの男性は根こそぎ軍隊に動員され、開拓団には女性と年寄り、子どもしか残っていなかった。

そして、8月9日、ソ連軍が満州に侵攻してきた。ソ連軍の進路上にあった多くの開拓団が犠牲となり、食べ物も着るものもないまま、秋から極寒の冬に至る逃避行を余儀なくされた。その中で、多数の中国残留孤児が発生した。

幸い、ソ連軍の進路から外れていた養父郷開拓団は、東興県庁からの「即、本部集結、帰国」の指示にもかかわらず、共同生活を維持しながら、そのまま開拓地に留まる決断をした。直線距離で約120キロ離れたハルビンは混乱を極めていた。第２次世界大戦は終結したものの、毛沢東率いる八路軍[1]と蔣介石率いる国民軍の内戦状態になっていた。年が明けて2月、八路軍から看護要員を提供するよう要請があったが、「八路軍が何者か知らない」養父郷開拓団の人々には、要請は強要であり、大きな不安と決断を強いられる出来事だった。結局、要請に応え、30人の若者たちが団を離れ、八路軍に留用された。

ようやく訪れた春、養父郷開拓団は帰国への道を踏み出した。栄養失調と伝染病のために多くの避難民が死亡したハルビンの新香坊収容所でも、養父郷開拓団は病人をかばって団結を守り、比較的元気な者が働きに出た。そして、ハルビンから無蓋列車に乗り、雨に打たれながらコロ島に着き、玄界灘の荒波に耐え、10月、やっと帰国を果たした。

しかし、新たな試練が始まった。渡満前に家や田畑を処分していた彼らに帰る土地はなく、国からあてがわれた草加野の原野を自らの力で切り開いていくしか道はなかった。

註1　八路軍：１９３７年の第二次国共合作により国民党と共産党が協同して対日戦争に当たることになったため、華北・東北地方の共産党軍は国民政府軍に編入され、「国民革命軍第八路軍」となった。45年8月、日本軍は敗北、続いて国民党と共産党の内戦が始まり、東北の共産党軍は「東北民主連軍」となったが、人々の間では対日戦争時代の通称のまま「八路軍」と呼ばれていた。

平垣 藤一さん

昭和5（1930）年11月24日
兵庫県養父郡大屋村上山字法華生れ

昭和15（1940）年、9歳で満州に渡る

子どもの頃は電灯も無くランプの生活だった。周りに民家がなく友達と遊んだ経験がない。冬は雪が深く、親戚の家から小学校に通った。１９４０年８月、家族5人で養父郷北二屯に渡った。小学校は警察庁舎の一部屋が教室で、7人の児童がいた。45年春に高等小学校を卒業し、青年団に入った。14歳だったが、軍事訓練を受け、すぐにでも兵隊に取られるのではないかと思っていた。45年8月18日、北二屯に集結した。1軒の家に4家族が身を寄せて越冬した。治安が悪く、団の警備をした。その後、移動したハルビンの新香坊収容所では、中国人の畑に働きに行った。稼いだ金は開拓団全員のために使うと決められ、病人の治療費などに充てられた。多くの人が救われ、賢明な判断だったと思う。46年6月、再帰熱にかかり、高熱が出てうなされた。7月11日、父が病気で亡くなった。

46年10月に帰国。第1次として草加野に入り、下池の下側にテントを張った。炊事係を担当し、米に大根葉を混ぜて炊いた。ジャガイモやサツマイモを植えたがほとんど収穫できず、出稼ぎや山仕事をした。59年に結婚してからも、農業をしながら、土方やゴルフ場で働いた。

水口　まきゑ さん

大正４（1915）年８月11日
兵庫県養父郡広谷村一二所生れ
昭和20（1945）年、29歳で満州に渡る

広谷村にいた１９３９年、母が子宮癌になり、「助からない」と言われていた。母から「生きている間に安心させろ」と言われ、結婚した。翌年、長女が生まれたが、夫は出征中だった。43年、夫が復員し、須磨の郵便局に勤めた。夫のわずかな月給と、まきゑさんが縫物をして得る労賃で暮らした。44年に２人目の子供が生まれた。配給が少なく食べ物が足りず、乳も出なかった。45年３月、神戸に空襲があった。先に満州に行っていた兄の勧めもあり、渡満を決断した。兄はいろいろな物を買って来るように言ったが、内地には何もなかった。日本はもう駄目だと思っていた。45年６月、子ども２人を連れて養父郷芙蓉屯に入植したが、すぐに敗戦を迎えた。越冬後、汽車に乗ったり、歩いたり、野宿したりして引き揚げた。毎日人が死んだ。遺体はただ地面を掘って埋めるだけだった。

46年10月、博多に引き揚げ、47年２月に第２次として草加野に入植した。

清水　やえ さん

明治41（1908）年12月20日
新潟県生れ

昭和17（1942）年、33歳で満州に渡る

1942年5月、家族で満州に渡った。4ヵ月ほど養父郷北二屯の本部で共同生活をしながら、養父郷旭部落に新築の家を建てた。敗戦の日の8月15日は何も知らずに竹やりの訓練をしていた。翌年3月、八路軍の要請で、18歳の娘、香陽子さんは看護婦として留用された。5月、開拓団一行は北二屯から新香坊に移動した。もう会えないと思っていた香陽子さんは、発疹チフスに罹って帰されて来た。新香坊の収容所で熱にうかされている状態を開拓団の幹部が見つけた。46年9月、新香坊を出発。無蓋列車で錦洲に着き、コロ島から出航して、10月、博多に着いた。

47年2月に草加野に入植した。夫の重吉さんは薪を売り、長男の重幸さんが日雇いで稼いで暮らしを立て、開墾した。50年、県の貸付乳牛を入れ、53年から煙草を作った。54年のジェーン台風では家が全壊し、建て直さなければならなかった。当初は毎年の旱魃で作物はほとんど取れなかった。58年にダムの揚水で水稲を作ることができるようになってから、暮らしは少し楽になった。（撮影した日は丁度97歳の誕生日だった。息子枕元には西村京太郎の小説が山積みされていた。息子の重幸さんに本屋に連れて行ってもらうそうだ。）

清水　重幸さん

昭和7（1932）年10月25日
名古屋市生れ

昭和17（1942）年、10歳で満州に渡る

1941年12月8日の真珠湾攻撃を良く覚えている。翌年、養父郡南谷村の明延小学校に入学した。父は明延鉱山で鉱夫だった。ここは飛行機の機体の原材料として重要な錫が沢山出た。生活は苦しく、父は満州に行こうと考えたが、勤務先に退職を認められなかった。鉱山は戦争遂行上重要であるとの理由だった。父は密かに休暇を取って、兵庫県加西郡（現加西市）北条町へ営農の研修に行き、監督に隠れて準備をした。42年5月、家族で密かに出発した。

養父郷北二屯は恵まれた土地だったが、農業の経験のない父は大変だったと思う。森はあるが、木を切り出せない。父は鍬を使ったことがなかったし、米を作っても俵を作れなかった。家畜を使ったこともないのに、馬を使って広大な農地を耕作しなければならなかった。

戦争が終わり帰国後、草加野に入植した。59年12月に結婚。農業をしながら、鉄工所でアルバイトをした。朝、乳牛の世話をしてから昼前に出かけ、製品が出来上がるまで仕事をした。鉄工所では鋏のバネを作る仕事で、75歳になった今でも仕事を頼まれる。

小林　恵美子 さん

大正9（1920）年8月15日
兵庫県養父郡西谷村横行生れ
昭和15（1940）年、20歳で満州に渡る

1940年8月、20歳の時、父と2人で満州に渡った。養父郷北二屯の開拓地ですでに家は出来ていた。先遣隊の人が何でも用意してくれて、トイレも作ってあった。父は別の家に住み、恵美子さんは同時期に渡満した友人女性3人と一緒に暮らした。共同で炊事をし、大きな炊事場で一緒にご飯を食べた。大きな釜で男の人がご飯を炊き、収穫したカボチャなどを使って味噌汁とおかずを作った。楽しい暮らしだった。

42年2月、重雄さんと合同結婚式で結ばれた。みんな国のために、無理にでも結婚した。その後、養父郷芙容屯に移住し、家を構えて土地も家畜も配分された。共同炊事の時は良かったが、独立してからは大変で、風呂は部落に一つしかなく、湯を沸かしてもすぐに凍るし、満足に入れなかった。

重雄さんは45年5月に召集された。戦後、シベリアに抑留され、47年5月に引き揚げて来た。

満州に長いこと住んでいたように思うが、たった7年だった。残れるものなら残りたい気分だった。昔住んでいた所を見てみたい。

（120頁に合同結婚式の写真）

花尻　清孝 さん

昭和7（1932）年8月4日
兵庫県宍粟郡奥谷村道谷生れ

昭和19（1944）年、11歳で満州に渡る

１９４４年5月、錦州省盤山県庭田郷開拓団として、4人の兄、両親、花尻さんの7人で入植した。父はその年の9月に亡くなった。南満州の錦州開拓地は水田ばかりで、畑は塩分が多く作物は出来なかった。学校から帰ると田んぼに行き、草取りをした。

45年4月に養父郷北二屯に転入した。錦州では材木がほとんど無く、塩草、高粱を薪代わりにしていたが、北二屯は材木が豊富だった。材木で屋根を葺き、その上に土を載せ、分厚いレンガ造りの家を建てた。

敗戦の年、兄は4人とも兵隊に取られていた。敗戦後は、北二屯の姉の家に身を寄せた。体が大きかったので、自警団の警備を命じられた。村は塀に囲まれていたが、夜に襲撃されたこともある。その後、ハルビンの新香坊で姉は再帰熱で亡くなった。ここでは裸足で警備と伝令をやらされた。収容所本部まで1.5キロの道を夜中にでも伝令に行かされた。時々銃声が聞こえ、怖かった。46年10月に日本に引き揚げた。三男、四男の2人の兄は戦死、長兄は帰国してから亡くなり、残る次男はまだ復員していなかった。14歳の花尻さんが中心になって、12月、草加野に第1次として入植しテント暮らしを始めた。花尻さんは1次入植者の中で最年少だった。

正垣　喜久さん

大正9（1920）年12月7日
兵庫県大屋町加保生れ

昭和17（1942）年、21歳で満州に渡る

1942年3月、大屋町で春さんと結婚して満州に渡った。春さんが、嫁探しに満州から戻って来た時、喜久さんが「満州に行ってみたい」と言っていたのを近所の人から聞きつけ、親と話をして結婚が決まった。春さんは満州に渡る前は出石町（現養父市）で織物の仕事をしていたが、労賃が2倍だった明延の鉱夫になり、仕事で右手の指の一部を切断した。そのため、徴兵検査は丙種合格だった。43年4月に長男が誕生。敗戦後の越冬生活中に長女が生まれた。

47年、春さんが2次として草加野に入植し、家を建ててから、喜久さんは子供を連れて入植した。食料が乏しく、子供に持たせる弁当を作るのが大変だった。麦を混ぜたご飯の米の多く見えるところを上にして弁当箱に詰め、味噌汁に使ったイリコの出しかすを醤油で味付けしておかずにした。カボチャやサツマイモのツル、木の葉、何でも食べた。台風の時にはロープを張って屋根が飛ぶのを防ぎ、寺に避難した。道路は、雨が降るとぬかるみ、雪が解けるとぬかるんだ。買ったばかりの自転車のタイヤは赤土の泥に埋まり、担いで歩かなければならなかった。61年頃、やっとバラスが道路に敷かれ、雨の日も自転車で通れるようになった。

正垣　春さん

大正9（1920）年3月9日
兵庫県養父郡大屋町瓜原生れ

昭和16（1941）年、21歳で満州に渡る

1941年、兵庫県加西郡（現加西市）北条町で1ヵ月訓練した後、第1次本隊として敦賀から出航し清津に上陸、養父郷北二屯に入植した。1年後帰国し、42年3月に喜久さんと結婚、1週間後に再び渡満した。45年8月13日、丙種合格の春さんにも召集令状が来た。14日に北二屯を出発、15日に着いたハルビンで玉音放送を聞いた。1週間、兵営に留められたが、召集しなかったものとして解放され、北二屯に戻った。この地域の蒋介石の軍隊の中にはかつて自分たちが使用していた苦力がおり、衣類や持ち物を奪われた。さらに、この年に収穫した何百石という米は国民党軍に供出させられ、代わりにコンクリートの床に何年もバラ積みにしてあったカビの生えかけた粟が支給された。ある夜、現地民が城壁を越え、大鎌やこん棒を持ち、レンガで窓を壊しながら城壁に一番近い春さんの家に入り込んできた。春さんはペチカの灰をつかんで投げ、裏部屋の窓から飛び降りて逃れ、駆けつけた現地警察の威嚇射撃にかろうじて助けられた。46年5月、深夜に伝令が回り、出発。コロ島では奉仕隊に入れられ、蒋介石軍将校宿舎の掃除をさせられた。そのため日本への出港が妻子より1週間遅れたが、無事博多に到着した。

小椋　光治 さん

昭和２（1927）年７月１日
兵庫県養父郡西谷村若杉生れ

昭和18（1943）年15歳で満州に渡る

１９４３年４月、大勢の村人に見送られ家族で満州に渡り、養父郷七屯の入植地に入った。５月から６月にかけて、ジャガイモ、トウモロコシ、大豆、エン麦を蒔き、９月から10月に収穫した。土質が良く、びっくりするほど収穫が豊かだった。10月から３月までの冬は長く、ソリで山に行って薪や材木を切り出し、東興の町まで売りに行った。気温は零下40度。凍傷になって爪が剥がれたこともある。

45年８月13日に召集令状が届き、ハルビンの部隊に入隊したが、２日後に敗戦を迎え、18日に召集解除となった。ハルビンや興隆鎮の駅周辺では、避難民があふれ、略奪が横行し、治安が乱れていた。帰り着いた開拓団では全員が本部部落に集結していた。越冬後の帰路、無蓋列車で雨に濡れ、再帰熱に罹り、錦洲で20日余り入院したが、帰国を果たした。

47年２月、草加野に入植した。満州では畑を耕すのは畜力や機械力。土壌は豊かで、ほとんど無肥料で作物ができていたが、草加野では全く違った。原野を自力で開墾し、大量の肥料を使わなくては作物は実らず、旱魃が追い打ちをかけた。苦闘の末、煙草を作り、稲作ができるまでになった。

小椋　かず江 さん

昭和7（1932）年5月15日
兵庫県宍粟郡三方村（現・宍粟市公文）生れ

昭和17（1942）年、9歳で満州に渡る

国民学校4年生になった春、庭田開拓団の一員として、家族で南満州の錦州に渡った。兄の小椋石男さんは満蒙青少年義勇隊として、すでに満州に渡っていた。入植地は表面に塩が噴き出して固まるほどアルカリ性が強かった。そんな荒野に鍬を入れ、水田を造り、稲を栽培した。敗戦直後、多くの開拓団が村を離れて収容所などに移動し、命を落としたが、庭田開拓団はしばらく現地に留まった。

1946年5月、帰国を果たした。当時14歳。6月から紡績会社などで働いた。54年2月、光治さんと結婚して草加野で暮らした。

小椋　泰子 さん

昭和4（1929）年1月16日
兵庫県神戸市新開地生れ

昭和18（1943）年、14歳で満州に渡る

敗戦翌年の1946年2月、養父郷開拓団は八路軍から看護婦経験者と青年男女を看護兵として出すよう強要された。泰子さんは9人の看護兵女子の1人として、留用された。満州に来る前は看護婦になりたいと思っていたので、看護の仕事なら行ってもいいと思った。

女子9人は、雪一色の原野を東興に向けて出発した。東興からさらに木蘭に送られ、そこで傷病兵の看護をした。内科で働いたが、チフスが蔓延しており、2ヵ月後に感染し、高熱が続いた。皆が病気となり、帰されることになった。3頭立ての馬車（ダーチェ）が用意されたが途中で御者が逃げ出してしまい、女だけでは乗りこなすことができず、疲れ果てて道端に寝転んでしまっていた。通りかかった現地の人が一晩泊めてくれ、開拓団まで送ってくれた。開拓団は北二屯に集結していた。

帰国してから、家族で第1次として草加野に入植した。51年に石男さんと結婚。これまで石男さんの開拓組合や市議会議員の活動を支え、働いてきた。

小椋　石男さん

大正14（1925）年2月21日
兵庫県宍粟郡三方村（現・宍粟市公文）生れ
昭和14（1939）年、14歳で満州に渡る

1939年、満蒙青少年義勇軍の内原訓練所（茨城県）に入所した。次男だから家を出るしかなかったからだ。2ヵ月の訓練後、ブエノスアイレス丸で神戸港を出帆し、大連港に上陸。北安省鉄驪訓練所で3年間過ごした後、北安省通北県の善隣義勇隊開拓団へ行った。44年10月に召集され、間島省揮春県春化の大隊砲小隊へ入隊した。敗戦の日の45年8月15日、兵営から後方陣地の十里坪へ向かう途中、ソ連軍と遭遇。激戦の末、将兵は全滅した。1週間後の8月22日に敗戦を知ったが、27日、シベリアへ捕虜として抑留された。49年7月、捕虜生活を終えて帰国し、舞鶴に上陸した。一式、毛布2枚を支給され、現金千円と被服49年10月、兄の勧めもあって草加野に入植し、日雇い労働に出ながら開墾を始めた。養鶏のほか、54年には酪農を始め、日雇い労働はやめて営農一本とした。転換点となったのは58年、水稲を作付けできるようになってからだった。初めに出来た水田はブルドーザーで平らにしているとはいえ、傾きがあり、均一な水平面ではないので、大きい田んぼの一枚をいくつにも区切らないと使えなかった。

藤原　寅治 さん

大正15（1926）年8月5日
兵庫県養父郡西谷村横行生れ
昭和17（1942）年、15歳で満州に渡る

1942年4月、家族で渡満し、養父郷芙蓉屯に入植。養父郷開拓団本部の出納係として働いた。当時本部で働いていたのは、団長、家畜指導員、農業指導員ら12人。藤原さんは満州で農業をしなかった。

44年11月、18歳で志願兵として入隊した。済州島に送られたが、毎日塹壕掘りばかりだった。45年11月にアメリカの上陸艇で佐世保に引き揚げた。

誘われて闇屋になり、青森にリンゴを、秋田には米を買いに行った。熊本で黒砂糖を買い付け、大阪や三宮で売るとよく売れた。

満州で別れ、生存をあきらめていた家族が、46年11月に帰国した。翌年2月、家族と一緒に草加野の開拓に入った。53年から4年間、開拓組合の庶務を担当した。組合員が国から借り入れするための書類作りに奔走し、予算期は徹夜の作業だった。この頃は水がなくて稲作ができず、村人の生活は厳しかった。53年から20年間、酪農をし、その後、農協に勤めた。

今思えば、戦後闇屋をやった時期が、日本中を自由に移動し、一番ワクワクしていた。この村はもめごとも無く、古い風習やしがらみの無い新しい村だった。助け合って生きてきたように思う。

藤原　尚子さん

昭和4（1929）年12月1日
兵庫県養父郡南谷村和田生れ
昭和19（1944）年、14歳で満州に渡る

1944年4月に家族全員で養父郷北二屯開拓団として満州に渡った。藤原さんは高等科2年を卒業したばかりだった。

45年8月18日に敗戦を知り、団本部に移動した。越冬中は、池の氷を石で割って魚を取り、粟を食べてしのいだ。46年2月、八路軍に留用され、病院で働いた。伝染病の再帰熱に罹り、高粱の皮で作ったアンペラで寝ていたら、熱が出て虱が集まってきた。4月になり、開拓団から留用された15人のうち11人が帰されることになった。残された4人の内の2人は後に、谷藤弘司さんが迎えに行った。藤原さんが北二屯に帰りついた後の5月16日、父が亡くなった。穴を掘って埋めるのが精一杯だった。そして、5月27日に帰国が始まった。ハルビンの収容所から第二松花江を渡り、無蓋列車に飛び乗った。全員が雨に打たれ、第二松花江の水や機関車に積んであった水を飲み水にして生き長らえた。玄界灘を渡り10月、博多に上陸した。山を見たときは泣けてきた。玉津寮に入り、土木工事に出た。48年に草加野に入植し、49年3月に寅治さんと結婚した。

苦しい時、困った時には、玄界灘を渡って引き揚げた時のことを思い出す。

谷藤　弘司 さん

大正12（1923）年11月24日
兵庫県養父郡広谷村大坪生れ
昭和15（1940）年、16歳で満州に渡る

1942年5月24日、満州で父が亡くなり、18歳で家長となった。44年12月8日に結婚。翌年7月に召集され、8月17日、四平省で敗戦を知った。米と自決のための手りゅう弾を渡され、部隊は解散した。ハルビンまで帰ったところで「日本人狩り」にあい、ソ連軍に汽車に乗せられた。食べ物は与えられず、トウモロコシ畑の横で汽車が止まるのが、「取って食べよ」との無言の指示だった。牡丹江近くのハイレンに送られ、日本軍の残した食糧をソ連行きの貨車に積み込む労働をさせられた後、「作業終了書」をもらって釈放された。悪臭のする下水道掃除の仕事をして仲間と共に汽車賃を稼ぎ、北二屯に帰りついた。46年5月、開拓団は帰国を開始し、ハルビンの新香坊収容所に落ちついた。この時、敗戦後の経験の中で多少の中国語を理解できるようになっていた谷藤さんは「東興県の製材所で働いている数十人の団員と家族、木蘭病院で働いている看護婦2人を迎えに行く」役目を引き受けた。病院長と交渉して看護婦を引き取り、製材所に残っていた団員と共に中国の内戦現場をくぐり抜け、20日余りをかけて無事役目を果たした。

同年10月に帰国。翌年2月、草加野に入植した。

小林　隆美 さん

昭和5（1930）年2月11日
京都府宇治市生れ

昭和15（1940）年、10歳で満州に渡る

1940年8月、満州から迎えに来た父と共に、家族5人で満州に行った。開拓地の養父郷芙蓉屯から北二屯養父小学校に通い、その後、青年学校にも行った。

45年8月、戦争に負けたのが信じられなかった。北二屯に結集して村の防衛のため寝ずの番をした時、匪賊に襲われてこん棒で殴られ、怖くて逃げた。東興からハルビンに避難する時は連絡係をした。ハルビンの新香坊収容所にいた時は、現地民の畑の草を取る仕事をした。週1回、ハルビンの貨物駅まで食料を取りに行った時に出される豚汁の昼食が何よりの楽しみだった。

母が病気になり、花園病院に収容された。病院の冷蔵庫が死体置き場として使われ、亡くなった知り合いを捨てに行ったことがある。人が死ぬと遺体から無数の虱が逃げ出し、近づいて来た。今でも虱の夢を見ることがある。無蓋列車に乗り、コロ島まで辿りついたが、途中で雨が降り、着替えもなかった。コロ島からは病院船の高砂丸で日本に向かった。佐世保で赤痢検査のため21日間止められ、母は上陸する前に亡くなった。弟は新香坊収容所で、妹は玉津寮で亡くなった。

46年12月に大人たちと一緒に先遣隊として、第1次で草加野に入った。17歳の時だった。

藤原　覇瑠美　さん

昭和9(1934)年11月23日
兵庫県養父郡西谷村横行生れ
昭和17（1942）年、7歳で満州に渡る

1942年に母、弟の強さん、母の親、伯父とその家族と一緒に満州に渡った。母は未亡人だった。満州で母が麦刈り競争に出て一番になったのを覚えている。国民学校5年生の夏に敗戦を迎えた。引き揚げ船では海が荒れて怖かったが、博多の山が見えた時は嬉しかった。

草加野に入る時、弟と二人で台所用品を担いで引っ越した。弟がまな板を背負って、てくてく歩いた。母に連れられ小学校に行った。長いこと学校に行っていないから、学齢より1級下の5年生として入学した。当時、開拓民の子は貧しく、ほとんどが学校に弁当を持って行けなかった。弁当の時間になると外で遊んでいた。6年生の秋に母から勧められて子守りに行くようになった。初めは稲刈りの時に1週間、子供だからお金はもらえず、着物を買ってもらった。その後、田植えの頃にも子守に行くようになった。家の状態がわかっていたので「行きたくない」と母には言えなかった。中学には行かず、母の手伝いをした。51年に母と弟の3人で1町3反の開墾整地を完了した。人生の中で学校に満足に行けなかったという負い目は年を取っても無くならない。今、老人大学に行っている。

小林　強さん

昭和12（1937）年9月3日
兵庫県養父郡西谷村横行生れ
昭和17（1942）年、4歳で満州に渡る

1940年に父が亡くなり、42年4月、母と姉の覇瑠美さんらと渡満し、養父郷芙蓉屯に入植した。学校の校庭で穴の中に逃げ込む訓練をした。冬になると便所に凍った糞の山ができ、つるはしで壊さなければならなかった。村には深い井戸があり、巻き上げハンドルの手を離すと轟音を立てて釣瓶が落下した。夕日が大きくてきれいだった。氷結した川の表面に穴を開け、水をかき回すと、魚がたくさん浮き上がってきた。氷の上に載せるとすぐにカチンカチンに凍った。春には枯れ草を焼いた後に、福寿草が一斉に咲いた。ノロの群れが草原を走っていた風景も忘れられない。

45年8月、ソ連軍の兵隊が村に入ってきた。色の白い大男で、子供心にも怖かった。

46年10月、家族3人でやっと帰国することができた。博多に着いた時、陸が見えると万歳を叫んだ。

1年後、母と姉の3人で草加野に入植した。小学校に通いながら仕事を手伝った。毎朝、卵や野菜の入った大きなリュックサックを背負い、通学路にある八百屋さんへ持って行って買ってもらった。

65年に2種自動車免許を取った。25年間バスの運転手として働き、休みの日に農業をした。

上垣　盛雄 さん

大正14（1925）年1月8日
兵庫県養父郡西谷村蔵垣生れ
昭和19（1944）年、19歳で満州に渡る

戦前、叔父が経営していた姫路の町工場で働いていたが、1944年に叔父が戦死した。先に満州に渡っていた父母の強い希望で3月に渡満し、養父郷北二屯に入った。

その年の9月、召集令状が届いた。東興の警察で1ヵ月の訓練を受け、工兵となった。満州を点々と移動した。新しい武器は南方へ送られ、満州に来るのは古いものばかりだった。明治38（1905）年頃に使っていた旧式の45ミリ大隊砲は畳一畳ほどの車の付いた厚い台板に載っており、薬頭と弾体を入れてハッチを閉めるようになっていた。

敗戦後、2年間シベリアに抑留された。47年10月に帰国すると、思いがけず父母兄弟は無事に帰国し、草加野に入植していた。自身も、草加野に入植し、小さな家を建ててもらって、50年4月に結婚した。旱魃に苦しみながら、麦、サツマイモ、陸稲を作った。一男一女に恵まれ、鶏を飼ったり、牛を飼ったりして生活した。58年6月、待ちに待った水が来て、田植えを始め、秋には9石の米を収穫した。

中島　功さん

昭和12（1937）年11月15日
兵庫県養父郡関宮村出合生れ

昭和17（1942）年、4歳で満州に渡る

1942年2月、家族は第2次本隊に加わって渡満し、養父郷旭部落に入植した。

敗戦後、46年10月に引き揚げ、2ヵ月後、家族は第1次として草加野に入植した。農業をしてもすぐに収穫があるわけではなかった。食べ盛りの5人兄弟で、学校でも空腹で勉強など手に着かなかった。「早くお米のご飯をお腹一杯食べたい。貧乏から脱出したい」というのが子どものころの夢だった。

鴨川ダムからの水路工事が始まった時には、工事現場で土工として休みなしで働き、58年6月、3号ポンプが稼働して待望の水が吹き上がった時には「万歳」の歓声を上げた。

65年、結婚を機に両親と話し合い、農繁期には必ず手伝いに帰る約束をして、会社勤めを始めた。医薬品の商社で営業をし、定年を迎えた97年、草加野に戻った。そして、草加野万勝寺水利組合の役員を引き受けた。01年には草加野万勝寺の170町歩の水田に送水する1号ポンプの管理責任者になった。ポンプの運転開始時には、サイフォン前の塵芥よけ鉄格子の前で、下半身ずぶぬれになりながら、塵芥に混じって流れてくる猫の死骸やへびを夢中でつかみ出して、水路を守った。

小林　花枝 さん

大正14（1925）年9月16日
兵庫県養父郡関宮村中瀬生れ
昭和17（1942）年、17歳で満州に渡る

父は銀山の鉱夫だった。1942年、養父郷北二屯に入植したが、一緒に行った父は45年4月に病死した。2ヵ月後、応召を翌日に控えた敏一さんと結婚した。間もなく敗戦となり、開拓団民は北二屯に結集した。越冬中の46年1月19日、長男を出産した。召集後、離ればなれとなっていた敏一さんは45年12月に帰国。46年12月に草加野に入植した。46年10月に引き揚げた花枝さんも47年春に草加野で暮らし始めた。

〈長男斗志栄さんの話〉

元気な母だったが、3年前の秋、入浴中に転倒してけがをし、入院した。その後も良くならず、病院と老人施設で暮らし、1年前に亡くなった。

母は私を連れて満州から引き揚げた。その時、父は軍隊に取られたままで行方も分からず、母は途方に暮れていたらしい。引き揚げ船が玄界灘を進んでいる時、私を連れて甲板まで上がり、海に流そうと思ったが、捨てることはできなかったと言っていた。

鈴垣　芳子さん

昭和21年（1946）9月30日
中国錦州生れ

両親は養父郡大屋町加保の出身で、養父郷開拓団の第2次本隊として渡満し、養父郷七屯に入植した。芳子さんは帰国途中の錦州コロ島で生まれた。母は栄養失調で乳が出なかった。生きて日本に帰れるとは思えず、コロ島からの帰国船に放置しようかと思ったこともあったそうだ。男兄弟のうち2人は帰国途中で亡くなった。

帰国後、11月に玉津寮に入り、食料が配給されるようになって、母乳が溢れるほど出るようになり、芳子さんは生き延びることができた。

1969年、芳子さんは元さんと結婚した。鈴垣家は満州開拓団ではなかったが、草加野の開拓地に空きができたので補充で入植した。芳子さんの両親は、養父郡で暮らしていた時、鈴垣家とは隣同士で気心を知った仲だったこともあり、見合いで結婚した。

農業の傍ら、養鶏とイチジクの栽培をしてきた。イチジクは出荷期間が短く、天候に左右され、鮮度を保ったままの出荷も難しく、仕事は厳しかった。夫が市議会議員になったのを機会に、養鶏を減らし、イチジク栽培を中止した。

（夫の元さんと）

小林 伝 さん

大正6(1917)年8月18日
兵庫県養父郡西谷村横行生れ
昭和15（1940）年、23歳で満州に渡る

出生地の横行集落は山深く、炭焼きや日雇いで生活している家が多かった。小学校4年までは分校に通ったが、5年生からは1里半（約6キロ）の道を3時間かけ、西谷本校へ通った。この間は教師や保護者の目が届かない、子どもたちだけの自由な時間であった。早くから社会の動きに関心を持ち、本が好きで、小学校卒業後も無料の図書の貸し出しを受けたり、日本農民学校の講習生になったりした。

1937年4月、召集。鳥取歩兵40連隊へ入隊した。同年8月、中国へ。10月、漢口攻略戦に参加し、徳安付近の激戦の際、味方の迫撃砲で負傷した。翌年2月、内地へ戻り、40年5月に除隊した。

40年8月、知人に誘われ、奉仕隊として満州に渡った。養父郷北二屯開拓地で内地に宣伝するための写真を撮った。奉仕隊が帰国した後も残留し、正式に開拓団員となって、養父郷七屯開拓地で建築用木材の切り出しを行った。

41年12月、いったん帰国し、42年2月4日、ことさんと結婚。再び満州に渡った。45年8月1日、再び召集され、敗戦後はシベリアに抑留された。49年8月に帰国し、ことさんの待つ草加野に入った。

小林 ことさん

大正8（1919）年8月21日
兵庫県養父郡伊佐村大江生れ
昭和17（1942）年、22歳で満州に渡る

小学校卒業後、京都の西陣で子守をした。1941年、太平洋戦争が始まり、暇をもらって帰郷し、伝さんとお見合をした。42年2月に結婚し、一緒に満州に行くことになった。「大陸の花嫁」とおだてられた。すぐに子どもを身ごもり、満州に行く時はつわりの最中だった。45年には2番目の子が生まれた。養父郷芙蓉屯での生活は開墾だった。伝さんは仕事で家を空けることが多く、敗戦間近に2度目の赤紙が来た。伝さんの弟や妹が子供の面倒を見てくれた。敗戦の翌年の5月に日本に帰った。もしその年に夏衣装で家を出ていたら、生きられなかっただろう。この決断をした人は偉かったと思う。帰国の途中、義母は病死。義父は栄養失調で、博多まで帰ってから亡くなった。軍隊に取られた夫は敗戦後3年3ヵ月間、シベリアで抑留された。

47年5月、伝さんの兄弟と共に草加野に入植した。初めの年が一番しんどかった。テント生活で家財は茶碗と箸だけ。他には何もなかった。

思い起こせば、養父郡の生家も電気が無く、満州でも、そして草加野に来ても電気の無い暮らしだった。いつも電気のないところから出発した。この年になるまでいろいろなことがあった。

桂 俊弥 さん

昭和８（1933）年３月14日
兵庫県養父郡西谷村横行生れ

昭和17（1942）年、９歳で満州に渡る

先に勤労奉仕隊として、長兄の小林伝さんと姉が満州に渡っていた。１９４２年、家族で渡満し、養父郷芙蓉屯に入植した。伝さんは体が弱かったので、満州では３番目の兄勝さんが農業をした。伝さんは敗戦間際に兵隊に取られ、その後、シベリアに抑留された。敗戦後、残りの家族全員が養父郷北二屯の姉の家に避難し、共同で生活した。46年３月、母は病気で亡くなった。父は10月、博多で上陸を待っている間に亡くなった。伝さんの家族と一緒に玉津寮に入った。

草加野には勝さんが先に入植し開墾を始めた。満州に行かなかった次兄の修さんも入植した。初めは修さんの家に同居し、修さんが結婚してからは、伝さんの家族と、勝さんとで同居した。１年後に草加野を離れて、西脇に機織りの仕事に行ったが、体が弱く、病気になっては帰って来た。

53年に光男さんと結婚。義父母が煙草の栽培と酪農をし、光男さんは土方の出稼ぎが主だった。近くに地元の農産物を仕入れて販売する産直の店ができてからは、春秋の野菜作りを始めた。収入の多いイチジクも１反２畝作付けした。

光男さんは２０１０年９月に亡くなった。

桂 光男 さん

昭和5（1930）年10月9日
岡山県久米郡柵原町（現美咲町）生れ

昭和17（1942）年、11歳で満州に渡る

父は明延鉱山に勤めていたが、戦争で物資が不足し、食料の配給も少なくなったため、1942年5月、満州開拓団に加わり、養父郷旭部落に入植した。

光男さんは北二屯養父小学校に通学した。43年、高等科1年生の時にレンガ建ての立派な新校舎ができた。移民団が養父郷北二屯開拓地に到着するごとに生徒や教師も増え、学校での農園づくりも大々的に広められた。農耕や家畜の飼育も生徒の仕事だった。45年に高等科を卒業し、父と共に仕事をした。青年団に入団したが、戦争が激しくなるにつれて、徴兵検査を受けていた男子のほとんどが召集された。

45年8月15日、敗戦の声を聞いた瞬間から、日本人に対する現地人の態度は急変した。

引き揚げ後は、現金収入を求めて働き、進駐軍の荷役、旋盤工見習い、土工、買い出しなど、条件のいい仕事を求めて次々と職を変え、両親に仕送りをした。

47年、草加野に入植し、乳牛を飼い、乾燥室を建てて煙草を作った。53年4月28日、青年団活動で知り合った俊弥さんと結婚した。

大谷　久蔵　さん

大正2（1913）年2月20日
兵庫県養父郡西谷村若杉生れ

昭和17（1942）年、29歳で満州に渡る

幼い頃の西谷村での暮らしは貧しく、小学校を卒業してすぐ働きに出た。17歳の時、家を出て明延鉱山に入った。結婚後、毛織工場や石油会社で働いた。

1937年8月、召集を受けて軍隊に入り、中国の黄河近辺での戦闘に加わった。38年9月、マラリアに罹って野戦病院に入院。内地に送られ、39年3月に召集解除となった。戦地で見た大陸の荒野に憧れ、42年、第1次本隊として養父郷北二屯に入植した。弟も満蒙開拓青少年義勇軍を志して渡満していた。

45年6月、再び召集され、済州島で敗戦を迎えた。10月、佐世保港に上陸。生まれ故郷の若杉に戻り、47年2月、第2次として草加野に入植した。

（妻しまさんと）

小林 衷（まこと）さん

昭和3（1928）年7月15日
兵庫県養父郡西谷村横行生れ

昭和16（1941）年、13歳で満州に渡る

1941年4月、一家8人で満州に渡った。満州では北二屯養父小学校に入り、43年3月に高等科を卒業した。卒業後は馬や牛を調教して、農耕や伐採を手伝った。敗戦翌年の46年2月、弟の了さんが衛生兵として八路軍に留用された。兄弟で話し合い、長男の衷さんではなく、次男の了さんが行くことを決めたが、その後、了さんの行方が分からなくなった。帰途、父富蔵さんは新京で死亡。母こしげさんは日本にたどり着いたが、小倉で息絶えた。弟の愛二さん、得栄さんも帰国途中で病死した。

46年12月、第1次として草加野に入植し、テント暮らしを始めた。初めは松が覆い茂り、地形が分からなかったが、切り開いていくと平地であることが分かった。自力で3畳と6畳の二間の家を建て、妹や弟たちを呼び寄せた。麦、芋、大根作りから始め、49年に貸付乳牛1頭を入れた。51年には壊れていた農業用水の循環ポンプを修理し、2反半の土地で米を作った。52年、養父郡出身のちく代さんと結婚。57年に東条湖から揚水できるようになり、稲作が中心となった。58年、中国で死んだと思っていた弟の了さんが帰ってきた時には、村中の者が集まって祝った。婚礼のようだった。

小林　了さん

昭和5（1930）年4月15日
兵庫県養父郡西谷村横行生れ

昭和16（1941）年、11歳で満州に渡る

1946年2月、八路軍（東北民主連軍）から、病院で働かせるため30人を供出するよう要請が来た。兄の衷さんが出ようとしたが、父が長男は駄目だと言い、次男の自分が行くことにした。当然だと思った。

八路軍と共に移動しながら、手術する患者を担架で運んだり、自給自足のための野菜を作ったり、炊事をしたりした。衣食と命の安全は保障されていた。48年に中国人民解放軍（東北民主連軍から改名）が勝利した後は、新京にできた軍医大学で物資や食料の調達、患者の運搬、炊事をしたりした。その後、国民党系の軍閥に合流していて捕虜となった日本人の平和教育にも携わった。

57年頃、公安局から帰国の意思を確かめられ、翌年、帰国を決意した。引き揚げ船白山丸で舞鶴に上陸。職を探していると案の定、「中国帰りは要らない」と断られた。それが当時の風潮だった。農業も考えてみたが、既に開拓地の分譲は終わっており、その道も無かった。兄の住んでいた小野市にしばらく滞在した後、神戸に出て、知人が勤めている町の鉄工所に就職した。59年11月、同じ開拓団出身の人の紹介で、八鹿出身のきみゑさんと結婚した。定年後も神戸で暮らしている。

小林　恭子さん

昭和7（1932）年2月9日
兵庫県養父郡西谷村横行生れ
昭和16（1941）年、9歳で満州に渡る

養父郷芙蓉屯に入植し、北二屯の小学校に通った。父が馬を使って畑を耕した。畑は、馬が折り返す姿が遠くにやっと見えるほど広かった。突然、今晩大事な話があると言われ、敗戦を知った。母がゆで卵を50個ほど大きな鍋に入れて、北二屯に集まった。

越冬後に移動したハルビンの新香坊収容所で、恭子さんと母は再帰熱にかかり、花園小学校の病院に入れられた。母の看病をした父も再帰熱にかかり、新京で亡くなった。父は兄の了さんが留用されていたので、心を痛めていたと思う。コロ島から白い船体に赤十字の入った氷川丸に乗り、佐世保に着いたが、母の病気は重く、国立小倉病院で亡くなった。

47年3月頃、長兄の衷さんが入植した草加野でテントに泊めてもらい、開墾を手伝った。兄が掘り起こした土を叩いて笹の根を取り出し、乾いた根を焼き、灰を畑に播いてサツマイモを作った。日本に引き揚げた後は学校には行かなかった。西脇の織物工場に行き、稼いでから結婚したいと思っていたが、早く嫁に来てほしいと頼まれ、21歳で結婚し、生まれ故郷の横行に戻って来た。畑に柳を植え、春に皮を剥いで柳行李の材料にした。内職もし、3人の子供を育てた。

田中 一郎 さん

昭和5（1930）年1月2日
兵庫県美方郡熊次村大久保生れ

昭和17（1942）年、12歳で満州に渡る

母が離婚して、美方郡熊次村で祖父母と暮らしていた。高等科に進む春に、母が大屋出身の満州開拓団の人と再婚し、満州に行く話が出た。満州には夢があると思い、母と義父とその娘と4人で渡った。

敗戦後、現地民の家にはいつの間に準備していたのか青天白日の中国旗が上がった。養父郷開拓団は北二屯に集まり、共同生活で越冬した。１９４６年２月頃、八路軍からの要請に応え、同年代の友人と共に名乗り出て野戦病院で働いた。途中で他の日本人と逃げ、ハルビンの収容所で開拓団の人たちと合流した。

やがて帰国が始まり、母たちは先の船で玉津に帰ったが、田中さんは大久保の祖父のところに帰った。大久保に着いたのは丹戸祭りの日だった。祭りはそっちのけで、「いっちゃんが帰って来た」と村中大騒ぎになった。

52年頃、鉢伏山にスキーのリフトができ、スキー宿の仕事を始めた。その後、車の免許を取り、ジープを払い下げてもらって、八鹿駅まで客の送り迎えをした。午前1時か2時頃に来る夜行電車を八鹿駅で待った。それはえらい仕事だった。今はお客さんは自家用車で来る。

開拓団を送り出した村

兵庫県北部（但馬地方）に位置する養父郡には2町13村があった。たくさんの村から満州に渡った。中でも西谷村横行地区は耕地が極めて少ない山間部の小さな村落だった。

南谷村には明延鉱山があり、鉱夫もまた満州へ渡った。かつて繁栄した明延鉱山も今は廃鉱となっている。

養父市大屋町（旧西谷村）横行の民家。

養父市大屋町横行の集落。

放棄地となった畑。

満州には行かず、横行で暮らした藤原廣子さん。

婿入りして横行で暮らすようになった小林次郎さん。

たばこ屋さん。養父市大屋町明延（旧南谷村）。

鉱山は 1987 年廃鉱となったが、住宅は今も僅かに残っている。

明延の谷合にはたくさんの鉱山労働者の住宅があった。

明延川に沿って商店が並んでいた。

明延の集落を見下ろす位置に墓地がある。

旧満州の今

「満蒙は日本の生命線」「五族協和の国」「王道楽土」「二十町歩の土地を」「鍬の戦士を募る」など国家を挙げての宣伝を信じ、多くの日本人が満州に憧れ、海を渡った。開拓民たちは、他国民が開いた土地であること、武力を背景にのみ成り立つ生活であることなど気にかけることもなかったという。

今なおこの地の奥深く、ロシア国境の小さな村々に至るまで、日本人の足跡を見ることができる。満州国消滅から60年以上経った今も満州開拓団の足跡が残る町で、人々は悠々と暮らしている。

19世紀末から、東清鉄道の要衝としてロシア帝国が開発したハルビンは、満州国時代はいわゆる「北満」の中心地であり、今も中国東北部の中心都市だ。旧市街は今もアールヌーヴォー様式風建物が並び、ヨーロッパの雰囲気を感じさせる。その郊外には高層建築が競うかのように建ち並びつつある。満州国時代は60万人だった人口は現在市区を含めると９００万人以上に膨らんでいる。

ハルビンから中国東北部の東部の中心、桂木期（ジャムス）方面へは片側3車線の高速道路が走り、ハルビンから市街地を抜けると、緑の大地が果てしなく広がる。トウモロコシ畑が続き、方正県が近くなる頃には水田に変わる。今や水稲は東部地域の主な作物の一つになっている。かつて主要作物であった高粱の畑に出会うことは滅多にない。

ハルビンの街角にも、郊外の小さな村にも朝5時になると青空市場が建つ、生鮮食品、衣料品、道具類まで、日々の生活に必要なものは何でもそろう。市が立ちだしたのは80年代に開放経済になってからだという。村に入ると草葺きの家はほとんど無く、多くは煉瓦造りだ。これらの家は住民が農繁期にだけ使用し、それ以外は近郊の団地に住むという計画も進んでいるそうだ。

1931年の満州事変の後すぐに関東軍はソ連との戦争を意識し、ソ連国境近くにまで鉄道を敷き、多くの戦争拠点となる要塞を築いた。同時に抗日勢力を掃討しながら、鉄道に沿って開拓団の入植を導いた。満蒙開拓団は国内では農村の人口削減、満州での食糧生産を目的とされたが、関東軍の意図は対ソ戦を意識し、抗日勢力の活動拠点となっている国境の平定と、軍の兵站（兵士や食糧の供給）を目的としたものであった。このため開拓団の村は北満に多く、そして国境近くまで点在している。

開拓団の村には送出母体となった府県や村の名前が付けられていた。今はその地名は、地図上にも人々の記憶にもほとんど残っていない。その理由の一つに、中国国内の人々の移動が挙げられる。開拓団のあった村には、南の山東省などから移住してきた人が多く住んでいる。しかし、その近隣の村に行って日本人のことを聞いてみると、多くの話を聞くことができた。「父が満鉄で働いていた」「この村にも、残留日本人が住んでいた」など。「親族が関東軍に殺された」と言う人まで出てくる。恐る恐る「今、日本人のことをどう思うか」と聞くと、即座に「日本人民と、政府・軍国主義は違う」という返事が返ってきた。人々はにこやかに日本人を迎えてくれる。これが戦後、日本人の子供、残留孤児を育てた中国人の懐の深さなのかもしれない。

荷車と民家。（方正県、08 年 9 月）

農村の道は舗装されていない。(木蘭県、09 年 7 月)

農家。(羅北県、09 年 7 月)

農婦・自宅の門で。(木蘭県、09 年 7 月)

庭に積まれた燃料の豆殻を啄む鶏たち。(木蘭県、09 年 7 月)

養父開拓団の村の１つであった張大房で農業を営む親子。父親の子玉坤さんは開拓団の日本人の名前も覚えていた。（木蘭県、09 年 7 月）

牛の世話をする農夫。（羅北県、09 年 8 月）

養父北二屯小学校があった場所。今は富山村小学となっている。(木蘭県、09 年 7 月)

農家の若い夫婦と子供たち。(ハルビン市阿城、09 年 8 月)

養父郷開拓団芙蓉屯のあった村に住む老人たち。1970 年代に山東省から移住してきた。彼女たちはここに日本人が住んでいたことを知らない。（木蘭県、09 年 7 月）

穀物倉庫。(樺川県、09 年 7 月)

孟家崗駅（旧弥栄駅）。この地に第一次弥栄開拓団
（武装移民団）が入植していた。(樺南県、09 年 7 月)

鉄道駅を守るトーチカ。(鶏東県永楽鎮、10年9月)

木耳(きくらげ)を収穫する農婦。(東寧県、10年9月)

ヤギを追う農夫。(通化県、08 年 9 月)

朝５時頃になると近郊の農民が育てた野菜や
果物が並ぶ。（木蘭県東興鎮、09 年７月）

朝市には麻花（マーファ・小麦粉を練り油で揚
げた菓子）も並ぶ。（木蘭県東興鎮、09 年７月）

トラクターに相乗りし、町に買い出しに
来た農民。（依蘭県、08 年 9 月）

玉米（トウモロコシ）の並ぶ朝市。
（ハルビン市平房区、08 年 9 月）

チチハル方面からハルビン駅に入る列車。(08 年 9 月)

278

夕日に映える住宅群。（ハルビン市平房区、08 年 9 月）

旅店
11
唯美时光
美容中心
可丽可心
减肥
俱乐部

新郎、新婦を出迎える。(ハルビン市、08 年 9 月)

結婚するカップル。（ハルビン市、08 年 9 月）

第二の開拓地・草加野の今

満州から引き揚げた養父郷開拓団員たちが、松林と雑草の覆い茂る草加野台地へ初めて鍬を入れたのは1946年（昭和21年）12月だった。

兵庫県の計画は畑作と酪農で、配分された農地は1家族当たり1.3ヘクタールだった。しかし、この地域は非常に雨が少なく、台地に流れ込む川もなく、水不足が深刻だった。先人が造ったため池が唯一の水源だった。万勝寺地区下池は1910年（明治43年）、万勝寺地区上池は1912年（大正元年）に作られたものである。ため池が造られた当時は、下池から上池に揚水ポンプを使って水を上げ、少ない水を有効利用する循環システムが作られていたが、戦時中にこの機能は停止していた。

食糧不足に陥った戦後の日本では米の増産が奨励されており、当時の日本人の米作りへの執念は特別なものがあった。51年、草加野台地から北東約11キロを流れる鴨川をせき止め、鴨川ダム（東条湖）が建設される。この話を伝え聞いた草加野の人々は、この水を草加野まで引こうと運動を始める。稲作への模索である。58年、東条湖の水は草加野台地へ揚げられた。下池上池の循環システムを再構築し、揚げられた水は水田をくまなく潤した。今では想像できないほどの、人々の情熱と努力であった。この年、草加野万勝寺水利組合が結成された。

その後、日本の農業環境は大きく変わった。今や、米は余り生産調整、減反が強いられる。開拓民一世の多くが既に鬼籍に入り、ほとんどの世帯が兼業農家となった。

日本政府の農業政策に翻弄されながら草加野を拓いて生き抜いてきた草加野・万勝寺水利組合長の鈴垣元さんは組合創立50周年記念誌（２００９年発行）の紹介文の中で以下のように述べている。

「戦後の食料難の時代、水の無いこの台地で生活を維持するのは大変でした。サツマイモが主食、大豆や陸稲などもその年の天気次第、収穫皆無の年も珍しくなかったと言います。戦後、日本の国営事業第１号として昭和26年に完成した「東条ダム」（東条湖鴨川ダム）の水をこの高台に揚水し、米が作れる豊かな土地に変えようと、敗戦により満州から引揚げこの地に入植し開拓に従事した人々と先住民の方々が協力して国・県に働きかけ、あらゆる困難を克服して揚水・開田事業を成功させ、水利組合を創設してから50年たったのです。

米が作れるようになり、住民の生活が豊かになり安定したのは紛れもない事実です。しかし、50年の歳月は様々な価値観を一変させました。飽食の時代となり、輸入食品が巷に溢れ、米の消費が激減したのはご承知のとおりです。米の価格は60％程度に下落し、水田面積の４割は減反で作れません。農業後継者は育たず農村は疲弊しています。一方で日本の食糧自給率は40％、日本の胃袋の６割は外国からの輸入品で満たされているのです。こんなことがいつまでも続くはずはなく、まさに異常としか言えません。こうした状況に加えて、台地上での米作りは高い水利費によるコスト高で大変厳しい状況にあります。しかし私たちは、台地上への揚水にかけた先人の血の滲むような努力、生涯をかけた戦いを無にできません。必ず見直される時代が来ると思います」

使い込んだ農具が並ぶ納屋。

一号分水所
東条湖（鴨川ダム）から水路で送られてきた水は 400 馬力揚水機で揚程 57 m地点の吹上円筒に揚げられ、サイホン吐き出し口を経てこの分水所に入り、台地の隅々に送水される。

上池（うえいけ）
草加野の台地には雨水以外の水源は無い。この池は台地の最上位に位置し、貯められた水は万勝寺町南地区水田を循環し、下池（したいけ）に集められ、再びポンプでこの上池に揚水される。この池は台地の水循環分配システムの１つとなっている。

水は台地上に張り巡らさせた水路を流れ水田を潤す。

開拓 15 周年を記念して建立された開拓碑（左）と開拓神社（右）。

姫路市名古山霊園には兵庫県満蒙開拓慰霊碑がある。
慰霊祭の時には亡くなった草加野開拓入植者の合祀者を報告する。

合同慰霊祭が毎年４月第一日曜日に行われてきた。
参加した開拓団・義勇隊関係者。

合同慰霊祭。毎年 4 月第一日曜日に行われてきたが、
関係者の高齢化のため 2006 年 4 月が最後となった。

小椋石男さん・泰子さん家族が経営する牛舎。

今は息子夫婦の小椋泰男さん、久美さんが経営の中心となっている。

牛糞を運び出す小椋石男さん。80 歳の今も若牛の世話を担当している。

近所に住む小椋かず江さん（左）と小椋泰子さん（右）。
かず江さんは泰子さんの夫石男さんの妹。

鈴垣元さん・芳子さんの経営するブロイラー養鶏場。

４条植えの機械で田植えをする藤原寅治さんの家族。

植え付け後の水田に補植する鈴垣芳子さん。

子供もいっしょに参加するパン喰い競争（町民運動会）。

DELIGHT
NEWS
C.B.G
C.B.G
HAPPY
GIRLS DREAM

ムカデ競走に興じる。年に一度のこの日には、日頃は都会で生活している人も里帰りする。

仮装競争のモデルとなった運動会役員たち。

運動会には老人会も参加する（左から平垣藤市さん、
桂光男さん、小林伝さん、谷藤弘司さん）。

文庫祭り。藤原國子さんは近所の人たちが気軽に本に親しむ機会を持ってほしいと思い、自宅前に書庫を作り、草加野文庫を運営している。庭に５月の花が咲き乱れるころ近隣の人たちが祭りに集う。

小林 伝さん、ことさん夫妻はボランティアの運営する尼崎市の日本語教室で学ぶ中国残留孤児たちに自分の家と思って来てほしいと、自宅に招いた。昼食を御馳走になり、畑の野菜を収穫した。（08 年 10 月）

４月になると桃の花が春を楽しませる。

毎水曜日午後には老人会の人たちがグランドゴルフを楽しむ。

初冬、刈り取った株の残る水田の周囲には草加野の原野が残っていた。

満州開拓の歴史

１８６８年に明治新政府が生まれるとまもなく征韓論が叫ばれるようになり、日本は朝鮮の江華島付近で武力交戦事件を起こし、日清戦争、日露戦争へと進んだ。日本の封建社会から近代化への道は武力増強を中心とした帝国主義国家への道でもあった。日露戦争の結果、日本は朝鮮半島を植民地にし、満州（中国東北部）への影響力・支配を強めた。１９３１年、日本は奉天（現・瀋陽）郊外の柳条湖で南満州鉄道を爆破して満州事変を起こし、満州国を建国してこの地域を支配下に置いた。

一方、29年に始まった世界恐慌によるアメリカの大不況と、その結果としての繭価格の暴落は日本の農村を窮乏へと陥れた。日本政府は、農村の救済更生を満州開拓で成し遂げようとした。32年には関東軍の東宮鉄男や日本国民高等学校内原訓練所校長である加藤完治らの主導で試験移民が始まり、在郷軍人からなる第１次弥栄村開拓団（武装移民）が渡満した。36年、２・２６事件後に成立した広田内閣は開拓民百万戸、五百万人の送出計画を策定した。37年７月、日本は盧溝橋事件を起こし、日中全面戦争に突入した。８月には開拓事業を推し進めるために満州開拓公社を設立し、11月には、近衛内閣は「満蒙開拓青少年義勇軍」の送出を決定した。

当初は農村救済、過剰人口対策の色彩が強かったが、次第に、満州国支配・対ソ戦に向けた、兵站と兵士供給の役割に変わっていった。しかし、「開拓団」「義勇軍」のいずれも、予定していた応募者数を得られなかったため、大量の開拓民を短期間で送出する方法として、「分村・分郷計画」方式が取り入れられ、地域ぐるみの集団移住が積極的に進められた。

兵庫県では第九次北二屯養父郷開拓団を皮切りに第13次布引郷開拓団まで９つの分郷・分村開拓団を送出した。

兵庫県送出の分郷分村開拓団

所属	年次	開拓団名	送出母村	入植地
第９次	1940	北二屯養父郷	養父郡	浜江省東興県
第10次	1941	敦化神戸開拓団	神戸市	吉林省敦化県
第10次	1941	水佃溝美方	美方郡	興安省布特哈旗
第11次	1942	庭田郷	宍粟郡	錦洲省盤山県
第11次	1942	津名郷（淡路）	津名郡	錦洲省盤山県
第12次	1943	綾西神戸郷	神戸市	北安省綏稜県
第13次	1944	高橋村（大兵庫）	出石郡高橋村	浜江省蘭西県
第13次	1944	朝来郷	朝来郡	奉天省鉄嶺県
第13次	1944	布引郷	神戸市葺合区	浜江省ハルビン市

明延鉱山

明延鉱山は兵庫県養父郡の南端、南谷村にあった。日本有数の錫を産出する三菱財閥の鉱山で、歴史は古く、かつては銅、銀なども産出した。１９４０年頃が最盛期と言われ、深い谷間に人口数千の鉱山町を形成した。錫は戦時中の航空機生産にはなくてはならないものであった。町から遠く、田畑もない僻地の鉱山では、労働者のためにさまざまな娯楽が提供された。毎月慰問団が来て、日本でも最高水準の演芸や映画が披露され、宝塚歌劇もその中の一つだった。

太平洋戦争が始まった頃は鉱夫が不足し、朝鮮人労働者が多く鉱夫として動員された。戦争の長期化で、配給される食料は不足し、鉱夫の生活は厳しくなった。そして鉱夫の中からも満州開拓に参加する者が増加した。草加野に入植した小椋泰子さん（Ｐ20）によると、明延鉱山から養父郷開拓団として渡満した人は８家族あったということだ。

明延鉱山は戦後も全国の80％の錫を生産するなど西日本有数の鉱山であった。しかし、85年からの円高による金属不況の中で国際競争力が低下して操業が困難となり、87年に、採掘可能な鉱脈を残して閉山した。

廃鉱となった明延鉱山(2006年11月)

満州養父開拓団

１９３９年、兵庫県養父郡では「養父郡満州移住協会」を設立し、「農村更生経済計画」のもと、移住農民の募集、啓発活動が各市町村単位で行われ、町村単位で送出目標が決められた。第１次計画では３ヵ年で２００戸が目標であった。第１次先遣隊として５人が選ばれ、北条町の県立国民高等学校で１ヵ月の訓練を受けた後、39年６月15日に出発した。兵庫県庁での壮行会の後、山陽線の夜行列車で下関に行き、翌日出航、朝鮮の清津を経て図們から牡丹江に向かい、６月20日に弥栄訓練所（第11次弥栄村開拓団）に到着した。７ヵ月の訓練を受け、40年２月11日に浜江省の東興県北二屯に入植した。

続いて40年３月５日には第２次先遣隊34人が出発した。また、養父郷開拓団建設応援奉仕隊26人が派遣され、このうち６人は引き続き入植地に留まった。先遣隊で入植した人は家族を呼びに帰り、さらに、41年４月には第１次本隊15人が入植した。これ以後の人たちは下関から釜山に上陸し、列車でハルビンから興隆鎮へ行き、トラックや馬車で、東興県北二屯に入った。そして、それぞれが家族を呼び寄せ、最終的には45年の第５次本隊の到着で、入植者は１１９世帯、６０２人になった。しかし、これは予定の６割に過ぎなかった。

第二次先遣隊壮行式記念（兵庫県庁、1940 年３月７日）

満州の村の建設

北二屯養父郷開拓団が入植した満州国浜江省東興県北二屯（現：ハルビン市木欄県東興鎮富山村）はハルビンの東北約120キロ小興安嶺の支脈に位置する丘陵地帯である。東と北に山があり、村の間に川が流れ、水田を有する恵まれた場所であった。現地民が定住していた既墾地を満拓公社が買い上げ、現地民を住宅から立ち退かせ、開拓団を入居させた。

この地に開拓団の本部が置かれ、1年間は養父郷北二屯として共同経営が行われた。入植者の増加に伴い、新しい集落が設けられ、集落ごとの共同経営が行われた。

住居は当初、現地民を立ち退かせた空き家を利用していたが、冬場に山林から材木を切り出し、一戸建（15坪）、二戸建（一戸当たり12坪）の建築が進められた。また、開拓団の精神的拠り所として神社が建設された。（写真）

1940年に北二屯養父小学校（P119写真）が開校し、後に新校舎も建設され、義務教育制度の改正により在満養父国民学校となった。

また、入植1周年には合同結婚式が行われた。（P120写真）43年に診療所が完成し医師が常駐した。

北二屯養父神社の建立。（1941年1月）

養父郷北二屯開拓団入植表

年次	集団名	世帯	人数	話を聞いた人	人数
1939	第一次先遣隊	5	14		
1940	第二次先遣隊 奉仕隊	34 26（内 6 名入植）	175	小林伝、小林隆美、小林恵美子、 谷藤弘司、平垣藤一	5
1941	第一次本隊	15	101	正垣春、小林衷、小林了、小林恭子	4
1942	第二次本隊	24	120	清水やえ、大谷久蔵、大谷しま、 小林花枝、小林こと、藤原寅治、 小椋泰子、桂光男、桂俊弥、 清水重幸、藤原覇瑠美、小林強、 中島功、田中一郎、正垣喜久	15
1943	第三次本隊	6	37	小椋光治	1
1944	第四次本隊	27	149	藤原尚子、上垣盛雄	2
1945	第五次本隊	2	6	水口まきゑ	1
	合計	119	602		28

北二屯養父小学校の開校。（1940 年 9 月）

満州での営農

入植地は耕作に適した肥沃な土壌で、無肥栽培が可能だった。その様子を安達丑之助さんは草加野開拓の「沿革誌」でこう述べている。「春の訪れは蒙古風に始まる。連日風が吹き、砂を巻き上げる。4月中旬～下旬に種を蒔く。地表の12～13センチが解けると、種子は下方の解氷の水分を受けて発芽する。7、8月が雨季で、この時1年間の全量の降水量があり、除草の季節、農繁期となる。雨の多少と9月中旬の初霜の時期が1農年の豊凶を決めた。無霜期間が120日あれば良いが、3日短ければ大打撃を受け、5日長ければ、良好だった。通常9月中旬に霜が来て、10月末から11月いっぱい風が吹く。この風は脱穀にはなくてはならない風だった」。

農耕には各戸日本馬1頭と朝鮮牛、現地馬が使われた。北海道式の畜力農具、プラオ、カルチベーターなどが用いられ、10～12ヘクタールを耕作した。主な作物は燕麦（家畜の飼料）、小豆、大豆、トウモロコシ、麦類、水稲、粟、ジャガイモ、キャベツ、玉ねぎ、大根などであった。

入植1週年の建国記念日に行われた合同結婚式。この写真は「大陸の花嫁」宣伝のため内地（日本）に送られた。1941年2月11日（前列中央は小林恵美子さん、2列目中央が夫の重雄さん）

部落の建設と人員

年度	部落名	戸数	人員数	話を聞いた人	人数
1939	北二屯	28	121	藤原尚子、上垣盛雄、谷藤弘司、 平垣藤一、田中一郎、大谷久蔵、 小林伝（後、芙蓉屯へ）、 正垣春、正垣喜久、 小林恵美子、小林花枝、桂俊弥	13
1940	七屯	21	117	小椋光治、小椋泰子、鈴垣芳子の母	3
1941	芙蓉屯	28	150	小林こと、水口まきゑ、藤原寅治、 藤原覇瑠美（後、北二屯へ）、 小林隆美、小林強	6
1942	旭	33	120	清水やえ、桂光男、清水重幸、 中島功	4
1943	瑞穂（張大房屯）	9	48	小林衷、了、恭子（1 年後芙蓉屯へ）、 花尻清孝	4
1944	貴徳屯	9	56		

在満養父国民学校第一回卒業式。（1944 年 3 月 26 日）

根こそぎ動員、終戦、そして引揚

敗戦の前年の10月から、開拓団民への召集が始まり、父や息子、夫を送り出すことで開拓団民も戦局の重大さを感じるようになっていた。敗戦までに養父郷開拓団から約１００人が召集された。（引き揚げ後、島根県三瓶開拓に入植した西谷時次郎さんは、１２０戸で97人が関東軍にとられたと「生きて拓いて」に記載している。）中には１９４５年８月になって召集される者もあり、最後の人は８月15日に召集されている。

開拓は「お国のため」であり、自分たちは軍人に準じた立場だと認識していた開拓団にとって、丙種合格者を含め男性が根こそぎ召集されるというのは大きなショックだった。また、いつ敵に襲われるか分からない中で、１２０戸の開拓団から働き手１００人を奪われたことの不安は計り知れない。

開拓団はソ連の参戦も知らずにいたが、８月15日、橋本快蔵団長が東興県公署から呼び出され、敗戦を知らされた。橋本団長は「正午までに団員家族全員、東興県公署に集合せよ」との避難命令を受けた。一般団員には知らせず、部落長を集めて協議を重ねたが、すぐには結論を出せなかった。応召していた一部の団員が８月18日に帰団し、ハルビンなど周辺の状況が報告された。ハルビンも興隆鎮も避難民で溢れ、略奪が始まり、治安が乱れていた。そして、「現地に留まり情勢を待つ」ことが決定された。すぐに各部落の団員・家族全員約５００人が北二屯に結集し、共同生活を始めた。

一方、同じ18日、東興県公署副県長以下52人が服毒、切腹などで集団自決する事件が起こった。正垣春さん（Ｐ17）はこの後始末に立ち会った。火の不始末で公署の一角から出火し、叫び声が上がったのを、中の日本人たちは現地民が焼き討ちに来たと思い込んだらしい。婦女子の暴行と惨殺は免れないと考え、母は子を殺し、夫は妻を斬り、互いに銃で撃ち合って、全員自決したとされる。この惨劇を目の当たりにした東興県長（現地民）は、自ら開拓地に向かい、生命の保護を誓い、軽挙のないよう注意したという。このこともあって、開拓団は越冬して帰国の機会を待つ間に何度も現地民の略奪を受けるが、軍と警察による保護を受けることができた。

開拓団は北二屯で共同生活をし、収穫物はすべて県公署に上納し、代わりに穀物の配給を受けた。日本の敗戦後も中国国内での内戦は継続しており、１９４６年、中国共産党八路軍（東北民主連軍）と国民政府軍の戦闘は第二松花江付近で激化していた。しかし、旧満州北部は八路軍が支配し、治安は良くなった。八路軍は２月、北二屯に現れ、八路軍の政治目的を説明して看護要員の提供を申し入れてきた。八路軍が何者かも知らず、敗戦国の女性の身に予想される運命を思うと、それは苦悩の人選であった。男性12人、女性18人の計30人の若者が順次八路軍に留用され、従軍した。しかし心配は杞憂に終わり、数ヵ月後、28人は解放されたり送り返されたりして、ハルビンで開拓団と合流し、他の団員と一緒に引き揚げることができたのである。残る２人は58年に帰国した。

開拓団は幹部を中心に引き揚げ経路の調整を行い、資金などを綿密に準備し、幾多の難問を解決しながら、１９４６年５月27日、黄砂塵の中、北二屯を出発した。枕家から列車でハルビンへ向かい、31日に新香坊収容所へ到着した。収容所には二千数百人の避難民が収容されていた。健康な者は帰国資金を得るため、農作業などの日雇労工として働き、開拓団の共同生活を支えた。食料は乏しく衛生状態は極めて悪く、伝染病が蔓延した。この３ヵ月間の避難生活で33人が亡くなった。

46年９月４日、開拓団一行は新香坊収容所からハルビン市街に出た。病人と付き添い人はハルビン市内で別れて花園病院に入り、遅れて出発した。ハルビン駅で無蓋列車に乗ったが、途中、第二松花江では鉄橋が破壊されていて通れないため、列車から降りて船で渡った。対岸は蔣介石・国民政府軍の勢力地域であった。ここで再び無蓋列車に乗り、途中で野宿したり、雨に打たれたりしながら、約１週間後の９月10日、錦州駅に着いた。ここで引き揚げ船の配船が決まるまでしばらく待機した。

帰国第一陣は９月25日に病院船「白竜丸」に、その他の者は９月27日に砲艦「箕面」に乗船してコロ島を出発し、「白竜丸」は10月４日博多に、「箕面」は10月６日佐世保に着いた。悪天候と検疫のため上陸まで１週間以上待たされ、10月10日過ぎにやっと日本に上陸出来た。その後、若干名の人たちが別便で南風崎（長崎）、延岡（大分）、大竹（広島）などに上陸した。

帰国した養父郷開拓団は元川崎航空明石工場寮舎を補修した兵庫県満州開拓引き揚げ者の応急収容施設「玉津寮」に入寮し、この時点で養父郷開拓団は解散となった。

その後、多くの人たちが再び開拓農民として一からやり直すことを決意した。小野市草加野に48人、三田市旭及び沢谷に17人、島根県太田市三瓶町に12人がそれぞれ入植し、再出発した。

草加野・村の歴史

草加野は明石市の北部、日本標準時子午線上にあり、小野市と三木市にまたがる台地である。古くからの開墾地や、明治から大正時代に「大新開」と呼ばれる開墾事業によって開かれた水田もあったが、多くは松林と笹に覆われた原野だった。「大新開」開墾事業では、耕作地の最高所と最低所に灌漑用のため池を作り、揚水機で下池の水を上池に送水する循環システムが構築された。上池の水はすべての水田を経由して下池に集められ、再び上池に送水されるという当時としては非常に珍しいシステムだったが、この地の旱魃は激しく、水田耕作は非常に困難だった。

１９４６年12月11日、満州から引き揚げた安達丑之助さんを代表とする14歳から50歳過ぎの20人は半兵隊姿で下池のかたわらに、一個小隊用のテント2張を居住区と食堂・炊事場に分けて張り、石油ランプで共同生活を始めた。草加野への第１次入植である。

翌47年2月18日には、第2次の27人が入植し、テント生活を始めた。その後49年に1人、57年に2人が入植した。47年中には農地、住宅地として約68ヘクタールが払い下げられ、1戸当たり1.3ヘクタールが配分された。畑作を前提とした農地配分だった。住宅は地形と電灯工事の経費などを考慮して決められた。3～5戸が小集落を形成し、補助金と融資によって、杉皮葺きの屋根と、6畳と3畳の部屋に土間の付いた住宅が47年に建設された。初期には1次、2次入植のそれぞれで任意組合を結成し、別々に出発したが、48年にできた協同組合法により、草加野開拓農業協同組合が結成された。

松林の伐採や一鍬一鍬の開墾と並行して、道路建設が始められた。草加野と三木町を結ぶ開拓道路小野線などが入植者によって建設された。48年、開拓団送出母郡の資金援助を受けて電灯工事に着手、完成した。開墾と並行して、畑作と酪農による営農が始まった。主作物は小麦、裸麦、大豆、小豆、サツマイモ、ジャガイモであり、水田がなく米が作れないため、主食はサツマイモだった。兵庫県から入植初年度に和牛2頭、2年目に乳牛3頭が貸し付けられ、生まれた子牛を一定期間育成して返済する貸付制度により、酪農が導入された。その後、旱魃に強い煙草が栽培されるようになり、酪農と煙草は貴重な現金収入源となった。また、酪農によって生じる肥料は開墾地の土壌改良へ繋がった。

小林ことさんは次のように草加野開拓を振り返った。

昭和22年5月、夫の兄弟と共に草加野に入植した。その年が一番しんどかった。畳は無く、筵だった。襖の代わりに筵を吊っていた。弟は結婚していなかった。3軒単位で入植した。夫がいる人は荷車を引いてここに入ったが、私は木炭バスに乗ってやってきた。高畑までくると登り道になり、車が後戻りした。小さい子は乗せて、皆で車の後を押した。

初めはテント生活だった。茶碗と箸だけで、他には何もなかった。私は生まれた時、電気が無く、満州でも、そして草加野に来ても電気の無い暮らしだった。いつも電気のないところから出発した。

草加野では何ヵ月も雨が降らなかった。井戸も無く、川も無い。近くの池の水を飲み食いに使ったが、よく病気にならなかったと思う。洗濯の水も、風呂の水も、食事用の水も、同じ池の水だったが、ついにはそれも無くなり、とうとう谷までバケツや鍋を持って、よちよち歩きの子を連れて、水を汲みに行った。長女には小さい時から子守や水汲みをさせた。お風呂は3軒共同のドラム缶の風呂だった。焚き物がないので毎日は沸かせない。週に1回入れれば良い方だった。その風呂にも順番があって、女の子は一番最後、眠い娘に我慢してもらい、起こしながら風呂に入れた。

米は週に2日くらいで、あとは麦や粉などを食べた。団子にしてお汁の中に入れ、大人は何個、子供は何個と数えて分けて食べた。5月頃には毎日ヨモギを摘んだ。朝起きてすぐ、5年生くらいだった夫の妹に子どもを預け、リュックサックを背負って下の部落までヨモギ摘みに行った。帰ってきたら、背中で暖かくなったヨモギの掃除をして、ゆがいた。お腹がぺこぺこで、まずいもの無しだった。その日摘んだものを1日で、牛が食べるほど食べた。ジャガイモが採れたら、3度3度ジャガイモばかり、麦が取れたら麦ばかりだった。毎日ジャガイモの日が20日も続いた。今、思い出しても良く食べたと思う。それでもおいしかった。大根の種を播いたが、芽が出て双葉が大きくなる前に転んでしまった。とにかく、土に力がなかったのだ。

47年頃から草加野開拓入植農民と周辺の農民たちは、ポンプ揚水実現への熱心な運動を続け、58年、悲願であった鴨川ダムからの水がポンプ揚水によって草加野台地に上がった。「大新開」開墾事業で構築された草加野台地の灌漑システムが効率的に機能するようになった。やっと開田され、水稲が作付けされるようになった。この時期から営農は、酪農と水稲中心へと変わっていった。

その後高度成長期を経て日本政府の農業政策の変化に伴い、兼業農家が増加し続け、ここ草加野の地でも専業農家はわずか数軒を残すのみとなった。

年	国際・国内	満州養父開拓団・草加野開拓関連
	8月15日，日本無条件降伏	8月15日，橋本団長，東興県公署に呼ばれ，敗戦を知らされる 8月18日，養父開拓団各部落から北二屯に結集完了
1946	5月7日，コロ島より満州からの第1次引き揚げ船が出港．48年8月までに約104万人が引き揚げた	2月，若い男女30人が看護要員として八路軍に留用される 5月27日，帰国のため北二屯出発 9月4日，新香坊出発． 9月25日，病院船白竜丸がコロ島を出発 10月4日，博多に着く（その後，順次引揚船に乗船し，博多，佐世保などに上陸した） 12月11日，草加野へ第1次20名入植
1947	5月3日，日本国憲法施行	2月18日，草加野へ第2次28名入植 草加野開拓協同組合設立
1948		電灯工事着手・完了
1949	10月1日，中華人民共和国成立．日本は承認せず，日中国交断絶．10月3日，引き揚げ船入港，以降前期引き揚げ中断	未曾有の旱害を受ける
1951	9月8日，サンフランシスコ平和条約調印．日米安全保障条約調印	鴨川ダム完成
1952	10月，民間レベルでの引き揚げ開始（中国紅十字会と，日本赤十字社，日中友好協会，日本平和連絡会との間で北京協定締結）	
1956		開田事業開始
1958	5月2日，長崎切手展で中国国旗侮辱事件が発生．岸内閣の中国敵視政策により国交断絶，集団引き揚げ中断	八路軍留用者小林了さん帰国 草加野・万勝寺水利組合結成 400馬力揚水ポンプ通水
1960		3月，草加野開拓神社・開拓碑の建立，沿革誌編さんに着手
1966	中国で文化大革命始まる（～76年）	
1972		
1975	9月29日日中共同宣言．日中国交回復	姫路市名古山霊園に「満蒙開拓殉難者」の碑建立 開拓施策終了に伴い，草加野開拓組合解散
1981	3月，日本政府による中国残留孤児の訪日調査開始	
1994	4月，中国残留邦人支援法公布	
2001	12月7日，3人の中国残留婦人等が国家賠償訴訟提訴	
2002	12月20日，中国残留孤児が国家賠償訴訟提訴（東京）．集団訴訟始まる	
2004	3月，兵庫県などに住む中国残留孤児が神戸地裁に提訴（兵庫訴訟）	
2006	12月1日，兵庫訴訟で，神戸地裁が原告勝訴判決．国に賠償命令，全面解決を迫る	
2007	11月26日，改正中国残留邦人支援法が成立	11月4日，草加野万勝寺水利組合50周年記念式典開催

年　表

年	国際・国内	満州養父開拓団・草加野開拓関連
1868	明治維新	
1894	日清戦争（94年7月～95年3月）	
1904	日露戦争（04年2月～05年9月）	
1910	8月22日，韓国併合	
1915	1月18日，中国に21ヵ条要求を提出	
1928	6月4日，張作霖（奉天軍閥将軍）を爆殺	
1931	9月18日，満州事変（関東軍は柳条湖事件を起こし，15年にわたる戦争の発端をつくる）	
1932	3月1日，「満州国」の建国を宣言 5•15事件 10月3日，第1次武装移民団「弥栄村開拓団」満州へ出発	
1936	2•26事件 8月25日，広田弘毅内閣が七大国策を決定 20年間で満州移民100万戸，500万人送出計画を決定	
1937	7月7日，盧溝橋事件，日中全面戦争へ 8月，「満州拓殖公社」を設立 11月30日，第1次近衛内閣「満蒙開拓青少年義勇軍」の送出を閣議決定	「満蒙青少年義勇軍」に養父郡西谷村から1名参加
1939	ノモンハン事件（日ソ軍衝突）（5～9月） 9月1日，第二次世界大戦始まる 12月，満州開拓政策基本要綱決定．移民を重要国策と位置づける	1月20日，養父郡満州移住協会を設立 6月15日，第1次先遣隊出発
1940		3月5日，第2次先遣隊出発 4月5日，先遣隊北二屯に入植 7月，応援奉仕隊出発 9月，北二屯養父小学校開校
1941	4月13日，日ソ中立条約を締結 12月8日，真珠湾攻撃，太平洋戦争開戦 12月，満州開拓第2期5か年計画要綱策定，5年間で開拓民22万戸の入植を計画	第1次本隊15人到着
1942	6月，ミッドウェイ海戦．日本艦隊敗北	2月，第2次本隊24人到着
1943		第3次本隊6人到着
1944	7月,サイパン陥落.年末から日本本土空襲激化	11月，第4次本隊27人到着
1945	4月5日，ソ連，日ソ中立条約破棄を一方的に通告 5月30日，満鮮方面対ソ作戦計画要綱を策定．満州の4分の3に及ぶ地域の防衛と邦人保護を放棄した 7月10日，在満邦人のうち18歳以上45歳以下の男性を一斉召集（根こそぎ動員） 8月6日，広島に原爆投下 8月9日,ソ連軍侵攻.開拓団民の逃避行始まる 8月9日,長崎に原爆投下 日本外務省「ポツダム宣言受諾に関する在外現地機関に対する訓令」を発する．居留民はできる限り現地に定着させる方針	第5次本隊2人到着

あとがき

私が草加野開拓のことを知ったのは中国「残留日本人孤児」の取材を通じてでした。中国残留孤児と満州開拓団、並行して進めたこの二つの取材は相互に絡み合い、中国残留孤児はなぜ生まれたのか、その疑問を解きながら進行することになりました。私の中で非常に曖昧な理解であった近現代史における中国と日本の関係を深く考え、僅かながらでも理解していく旅でもあったように思います。

草加野、養父郷開拓団を送りだした旧大屋町にもたびたび出向き、また養父開拓団が入植した満州北二屯の現地にも足を運びました。草加野の小林伝さん、ことさんには大変お世話になり、大正一ケタ生まれのご高齢のご夫妻は、度々お邪魔した私の食事のことまで気にかけてくださいました。小椋石男さんには草加野開拓について沢山のことを教えていただき、また草加野文庫の藤原國子さんと同様に何度も取材に同行して頂きました。鈴垣元さん、芳子さん、そして満州会、老人会の皆さんにもご協力いただきました。八路軍に留用され、1958年まで中国に残った小林了さんには中国取材に同行していただき、北二屯の村を案内していただきました。また、当時ハルビンに住んでいた中国残留孤児二世の石原玲子さんとご主人の立浪さんには中国取材時に通訳と車の運転をしていただきました。

そして、写真家の橋本紘二さんには取材を始めた時から、アドバイスをいただき、写真編集もお願いしました。本のデザインは中島美佳さんに引き受けていただき、取材した私の乱文は妻の真利子に整理編集して貰いました。

取材を始めて今日まで本当に多くの人のお世話になりました。心からお礼を申しあげます。

２０１２年１月　　宗景　正

〈参考文献〉

□『満州開拓史』満州開拓史刊行会

□『大屋町史「通史編」』近現代編　島田克彦　養父市発行

□『沿革誌』草加野開拓協同組合

□『生きて 拓いて―満州養父村分郷開拓団誌』満州養父村分郷開拓団誌編集委員会

□『温故治水50年誌』草加野万勝寺水利組合

□『満蒙開拓殉難者の碑建立記念の栞』満蒙開拓殉難者の碑建立委員会（兵庫県）

作者紹介

宗景　正

むねかげ　ただし

1947年岡山県生まれ。岡山県立高松農業高校を卒業。66年 塩野義製薬(株)に入社。

99年個展「WORKING WOMEN」、03年妻との二人展「Scotland 古城を巡る旅」を開催。04年『DAYS JAPAN』に「夜間中学からの再出発」を発表。05年『夜間中学の在日外国人』を高文研より出版、同内容の写真展を東京・新宿コニカミノルタプラザで開催。

05年会社を退職。06年樋口岳大氏と共に中国残留日本人孤児の取材を開始し、写真展「祖国よ 中国残留日本人孤児はいま」を関西各地で開催、08年『私たち、「何じん」ですか？「中国残留孤児」たちはいま…』を樋口岳大氏との共著で高文研より出版。

兵庫県尼崎市在住。

開拓民

国策に翻弄された農民

二〇一二年三月一〇日　第一刷発行

著　者　宗景　正

発行所　株式会社　高文研

東京都千代田区猿楽町二－一－八

三恵ビル（〒一〇一－〇〇六四）

電話　03・3295・3415

振替　00160　6　18956

http://www.koubunken.co.jp

印刷・製本　株式会社　オノウエ印刷

ISBN978-4-87498-474-1 C0021

ー 著書紹介 ー

夜間中学の在日外国人

写真・文 宗景 正
A5版・160頁 本体1,800円(税別)
発行所:高文研
ISBN978-4-7498-346-1

夜の夜間中学に学ぶ、平均年齢70歳の在日韓国・朝鮮人や、帰国した中国残留孤児、ベトナム、アフガン難民の人たち。そして60年前の戦争で就学の機会を奪われたまま老いた人たちも——。この国の現代史が凝縮された夜間中学の素顔を伝える！

私たち、「何じん」ですか？
「中国残留孤児」たちはいま…

写真・宗景 正/文・樋口岳大
四六版・230頁 本体1,700円(税別)
発行所:高文研
ISBN978-4-87498-412-3

中国では「小日本鬼子」と迫害され、祖国に帰って来れば「中国人、帰れ」。幾重にも疎外され、苦難を強いられた「中国残留日本人孤児」。長い国賠訴訟の末、日本政府は新しい支援策を作ったが…。高齢化する受難の人たちの「現在」を伝える！

ー目次ー